职业教育智能制造领域高素质技术技能人才培养系列教材

智能制造生产线装调与维护

技能训练活页式工作手册

主　编　朱秀丽　李成伟　刘培超
副主编　卢敦陆　余正泓　邓　丽
参　编　曾　琴　陈文忠　李伦多　高尉杰

机 械 工 业 出 版 社

2）各组对工作方案互提意见。

3）教师点评，确定出最佳工作方案，并填入表 1-2-2 中，并根据工作方案列举所需工具清单。

表 1-2-2 工作方案

步骤	工作内容	负责人
1		
2		
3		
4		
5		

2. 列出工具、耗材和器具清单

根据工作方案，列出实训操作时所需的工具、耗材和器具清单，并填入表 1-2-3。

表 1-2-3 工具、耗材和器具清单

序号	名称	型号与规格	单位	数量

引导问题

1. 虚拟仿真软件 RobotStudio 有哪些功能特点？

2. 写出智能制造生产线系统包含的功能。

3. 查阅相关资料，画出项目设计的工作流程图。

计划实施

1. 参考图 1-2-1 观察智能制造生产线系统组成单元，填写出下面智能制造生产线系统中的部分组成单元名称。

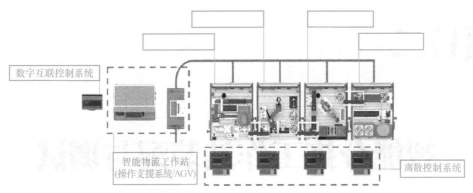

数字互联控制系统

智能物流工作站
(操作支援系统/AGV)

离散控制系统

图 1-2-1　智能制造生产线系统组成单元

2. 观察智能制造生产线系统整体布局，简述智能制造生产线的生产工作流程。

评价反馈

在任务完成后需对学生的实施情况进行评价，包括自我评价、互相评价和教师评价三方面，填入表 1-2-4。

表 1-2-4　评价表

类别	评价内容	分值	评价分数		
			自评	互评	师评
理论	了解智能制造项目信息	15			
	掌握项目建设内容及生产流程	20			
	了解智能制造项目设计思路及工艺	15			
技能	能够熟练介绍智能制造生产线系统的组成	20			
	能够熟练介绍智能制造生产线系统的生产流程	20			
素养	遵守操作规程，具有严谨科学的工作态度	2			
	积极参与教学活动，按时完成任务	2			
	具有总结训练过程和结果的习惯，能为下次训练总结经验	2			
	团队合作能力	2			
	严格执行 6S 现场管理	2			

项目二

智能分拣工作站装配与调试

任务一　智能分拣工作站的组成

学习任务		智能分拣工作站的组成			
姓名		班级		学号	
上课地点		学时		日期	

任务书

　　认识智能分拣工作站的功能，识记工作站的基本结构及其各自的功能，掌握智能分拣工作站的生产流程。

分组任务

　　将学生按 5~7 人进行分组，明确每位学生的工作任务，填写表 2-1-1。

表 2-1-1　学生任务分配表

班级		组号		指导老师	
组长		学号			
组员及任务分工	学号	姓名	任务		

工作准备

1. 制定工作方案

1) 各组进行任务分析，初步制定工作方案。

2) 各组对工作方案互提意见。

3) 教师点评，确定出最佳工作方案，并填入表2-1-2中。

表2-1-2 工作方案

步骤	工作内容	负责人
1		
2		
3		
4		
5		

2. 列出工具、耗材和器具清单

根据工作方案，列出实训操作时所需的工具、耗材和器具清单，并填入表2-1-3。

表2-1-3 工具、耗材和器具清单

序号	名称	型号与规格	单位	数量

引导问题

1. 智能分拣工作站的主要功能是什么？

2. 上料单元是如何与AGV小车配合完成产品的传送呢？

3. 在料盘上安装RFID芯片的作用是什么？

计划实施

1. 观察智能分拣工作站的结构组成，写出图2-1-1智能分拣工作站中的主要组成单元名称。

　　1. _____　　2. _____　　3. _____

2. 写出图 2-1-2 视觉分拣单元的构成模块有哪些？

图 2-1-1 智能分拣工作站组成单元

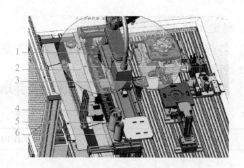
图 2-1-2 视觉分拣单元

1. _____ 2. _____ 3. _____
4. _____ 5. _____ 6. _____

3. 简述 RFID 芯片的安装过程。

4. 视觉单元的相机有什么作用？

5. 分步骤写出智能分拣工作站的生产流程。

评价反馈

在任务完成后需对学生的实施情况进行评价，包括自我评价、互相评价和教师评价三方面，填入表 2-1-4。

表 2-1-4 评价表

类别	评价内容	分值	评价分数		
			自评	互评	师评
理论	了解智能分拣工作站的功能	15			
	了解智能分拣工作站的组成部分及各模块的功能	20			
	了解智能分拣工作站的生产流程	15			
技能	能够熟练介绍智能分拣工作站的结构及各自功能	20			
	能够熟练介绍智能分拣工作站的生产流程	20			
素养	遵守操作规程，具有严谨科学的工作态度	2			
	积极参与教学活动，按时完成任务	2			
	具有总结训练过程和结果的习惯，能为下次训练总结经验	2			
	团队合作能力	2			
	严格执行 6S 现场管理	2			

任务二　智能分拣工作站的电气装配

学习任务		智能分拣工作站的电气装配			
姓名		班级		学号	
上课地点		学时		日期	

任务书

通过了解电气装配的相关知识，完成智能分拣工作站电气装配的相关工作。

分组任务

将学生按 5~7 人进行分组，明确每位学生的工作任务，填写表 2-2-1。

表 2-2-1　学生任务分配表

班级		组号		指导老师	
组长		学号			
组员及任务分工	学号	姓名	任务		

工作准备

1. 制定工作方案
1）各组进行任务分析，初步制定工作方案。
2）各组对工作方案互提意见。
3）教师点评，确定出最佳工作方案，并填入表 2-2-2 中。

表 2-2-2　工作方案

步骤	工作内容	负责人
1		
2		
3		
4		
5		

2. 列出工具、耗材和器具清单

根据工作方案，列出实训操作时所需的工具、耗材和器具清单，填入表 2-2-3。

表 2-2-3　工具、耗材和器具清单

序号	名称	型号与规格	单位	数量

引导问题

1. 配盘布局的原则是什么？

2. 主电路的主要作用是什么？控制的设备有哪些？

3. 智能分拣工作站中用到的传感器有哪几种？它们是如何接线的？

计划实施

1. 配盘布局

1）根据任务要求准备工具清单，需要准备的工具有十字槽螺钉旋具、一字槽螺钉旋具、剥线钳、老虎钳、斜口钳、压线钳、尖嘴钳、验电笔等。

2）根据电气元件清单，选择元器件。智能分拣工作站主要安装的元器件有断路器、接触器、熔断器、开关电源、EMI 滤波器、交换机、PLC、I/O 拓展模块、伺服驱动器、步进电动机驱动器等。检查产品型号，元器件型号、规格、数量等与图样是否相符，检查元器件有无损伤。

3）根据布局图，将所用元器件安装在导轨上，各元器件的安装需充分考虑主电路、控制电路之间的关系和接线走向。主电路和控制电路的布局要相对独立，不要交错，以免布线混乱。同时合理安排元器件间的疏密程度，方便安装和维修。

2. 电气装配

1）当所有元器件按照要求安装好之后，根据接线图进行电气接线。接线时，先接电源电路，再接主电路，最后接控制电路。为了防止重复接线或者漏接线，应养成良好的习惯，理清电路的逻辑顺序，参考原理图，从上到下，从左到右，先串联后并联，为了防止错漏接线，每接一根线在图上做一个记号，以免重复和遗漏。

2）接线要求：布线时，严禁损伤线芯和导线绝缘。各电气元件接线端子引出线的走向，以电气元件的水平中心线为界限，在水平中心线以上的，接线端子引出导线必须进入电气元件上方的走线槽；反之，进入下方的线槽。

3）主电路接线：按照主电路的电气图，把 220V 和地线接在剩余电流断路器上，然后再经过两个断路器，分别接到直流接触器和 24V 变压器。主电路接线如图 2-2-1 所示。

4）PLC 电路接线：把 24V 接到 PLC 的电源接口，再把 PLC 和适配器用网线连通，然后把 I/O 接口对应的用电线接到端子排上，如图 2-2-2 所示。

图 2-2-1 主电路接线

图 2-2-2 PLC 电路接线

5）端子排接线：把所有由 PLC 控制的电气元件的线接到端子排上分配好的 I/O 接口，整理好电路，如图 2-2-3 所示。

3. 电路检查

（1）接线检查 检查接线是否正确，包括错线、少线和多线。通常采用以下两种方法：

1）按照电路图检查安装的电路，根据电路接线，按照一定的顺序逐一检查安装好的电路。

2）实际电路接线对照原理图进行，以电气元件为

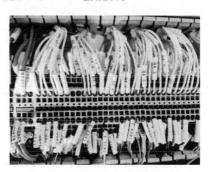

图 2-2-3 端子排接线

中心进行查线。把每个电气元件引脚的接线一次查清，检查每个去处在电路图上是否存在。为了防止出错，对于已查过的接线通常应在电路图上做出标记，最好用指针万用表欧姆挡的蜂鸣器测试，直接测量电气元件引脚，这样可以同时发现接线不良的地方。

（2）电源检查 调试之前不上电，检查电源是否短路，用万用表测量一下电源的输入阻抗，如果电源短路，会造成电源烧坏或者更严重的后果。

🖥️ 评价反馈

在任务完成后需对学生的实施情况进行评价，包括自我评价、互相评价和教师评价三方面，填入表 2-2-4。

表 2-2-4 评价表

类别	评价内容	分值	评价分数		
			自评	互评	师评
理论	了解智能分拣工作站中用到的电气元件	5			
	掌握智能分拣工作站各部分的电气原理图	5			
技能	能够根据配盘布局图对电气元件进行安装布局	10			
	能根据网络连接图连接通信线	10			
	能根据主电路电气原理图安装主电路	10			
	能根据视觉系统电气原理图安装电路	10			
	能根据触摸屏电气原理图安装电路	10			
	能根据 PLC 电气原理图安装电路	10			
	能根据电动机电气原理图安装电路	10			
	能根据工业机器人电气原理图安装电路	10			

（续）

类别	评价内容	分值	评价分数		
			自评	互评	师评
素养	遵守操作规程，具有严谨科学的工作态度	2			
	积极参与教学活动，按时完成任务	2			
	具有总结训练过程和结果的习惯，能为下次训练总结经验	2			
	团队合作能力	2			
	严格执行 6S 现场管理	2			

任务三　智能分拣工作站系统调试

学习任务		智能分拣工作站系统调试			
姓名		班级		学号	
上课地点		学时		日期	

📋 任务书

智能分拣工作站程序编写和调试，实现智能分拣工作站的功能。

👥 分组任务

将学生按 5~7 人进行分组，明确每位学生的工作任务，填写表 2-3-1。

表 2-3-1　学生任务分配表

班级			组号		指导老师	
组长			学号			
组员及任务 分工		学号	姓名	任务		

🗒 工作准备

1. 制定工作方案

根据任务要求进行任务分析，制定出工作方案，并填入表 2-3-2 中。

表 2-3-2　工作方案

步骤	工作内容	负责人
1		
2		
3		
4		

2. 列出工具、耗材和器具清单

根据工作方案，列出实训操作时所需的工具、耗材和器具清单，填入表 2-3-3。

表 2-3-3　工具、耗材和器具清单

序号	名称	型号与规格	单位	数量

引导问题

1. 简述视觉控制器程序的校准程序和识别程序的功能。

2. 智能分拣工作站中，机器人工作任务主要是什么？

3. 简述如何组态远程 I/O 和通信模块。

计划实施

1. 视觉系统调试

1）视觉系统通信设置。

2）视觉校准程序编写。

3）视觉识别程序编写。

2. PLC 组态

1）组态 PLC 的通信模块。

2）根据本项目任务二中 PLC I/O 表组态远程 I/O。

3）设置步进驱动器和伺服驱动器并组态轴工艺对象。

3. 机器人程序编写与调试

根据图 2-3-1 流程，编写机器人程序，实现称重和放料功能。

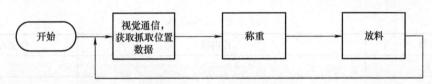

图 2-3-1　机器人程序流程图

4. PLC 程序编写与调试

根据图 2-3-2 的 PLC 程序流程图，编写 PLC 程序，实现智能分拣工作站的完整功能。

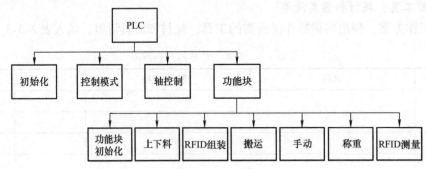

图 2-3-2　PLC 程序流程图

评价反馈

在任务完成后需对学生的实施情况进行评价，包括自我评价、互相评价和教师评价三方面，填入表 2-3-4。

表 2-3-4　评价表

类别	评价内容	分值	评价分数		
			自评	互评	师评
理论	了解 PLC 通信模块组态	5			
	了解 PLC 组态远程 I/O 的方法	5			
	了解智能分拣工作站视觉系统的应用和功能	5			
	了解智能分拣工作站 PLC 程序的结构和功能	5			
技能	能够组态通信模块	5			
	能够组态远程 I/O	5			
	能够编写视觉程序，实现视觉对位和分拣功能	20			
	能够编写机器人程序，实现搬运功能	20			
	能够编写 PLC 程序实现智能分拣工作站的功能	20			
素养	遵守操作规程，具有严谨科学的工作态度	2			
	积极参与教学活动，按时完成任务	2			
	具有总结训练过程和结果的习惯，能为下次训练总结经验	2			
	团队合作能力	2			
	严格执行 6S 现场管理	2			

项目三

智能组装工作站装配与调试

任务一　智能组装工作站的组成

学习任务		智能组装工作站的组成			
姓名		班级		学号	
上课地点		学时		日期	

任务书

认识智能组装工作站的功能，识记工作站的基本结构及其各自的功能，掌握智能组装工作站的生产流程。

分组任务

将学生按 5~7 人进行分组，明确每位学生的工作任务，填写表 3-1-1。

表 3-1-1　学生任务分配表

班级		组号		指导老师	
组长		学号			
组员及任务分工	学号	姓名	任务		

工作准备

1. 制定工作方案
1）各组进行任务分析，初步制定工作方案。
2）各组对工作方案互提意见。
3）教师点评，确定出最佳工作方案，并填入表 3-1-2 中。

表 3-1-2　工作方案

步骤	工作内容	负责人
1		
2		
3		
4		
5		

2. 列出工具、耗材和器具清单
根据工作方案，列出实训操作时所需的工具、耗材和器具清单，填入表 3-1-3。

表 3-1-3　工具、耗材和器具清单

序号	名称	型号与规格	单位	数量

引导问题

1. 行星齿轮智能组装工作站的生产任务是什么？

2. 行星齿轮的结构是怎么样的？

计划实施

1. 观察图 3-1-1 智能组装工作站的结构组成，写出智能组装工作站中部分组成单元名称。

1. _____　　2. _____　　3. _____
4. _____　　5. _____　　6. _____

2. 写出图 3-1-2 中工具单元中对应的 4 种工具类型名称。

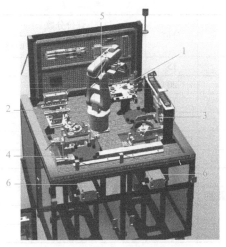

图 3-1-1　智能组装工作站结构组成单元　　　　　图 3-1-2　工具单元

1. _____　2. _____　3. _____　4. _____

3. 观察智能组装工作站的生产流程，分步骤写出智能组装工作站的生产流程。

4. 智能组装工作站组成单元的功能是什么？

工具单元：

直震单元：

移栽伺服单元：

横移气缸单元：

执行单元：

上料单元：

⌨ 评价反馈

　　在任务完成后需对学生的实施情况进行评价，包括自我评价、互相评价和教师评价三方面，填入表 3-1-4 。

表 3-1-4 评价表

类别	评价内容	分值	评价分数		
			自评	互评	师评
理论	了解智能组装工作站的功能	15			
	了解智能组装工作站的组成部分及各模块的功能	20			
	了解智能组装工作站的生产流程	15			
技能	能够熟练介绍智能组装工作站的结构组成及各自功能	20			
	能够熟练介绍智能组装工作站的生产流程	20			
素养	遵守操作规程，具有严谨科学的工作态度	2			
	积极参与教学活动，按时完成任务	2			
	具有总结训练过程和结果的习惯，能为下次训练总结经验	2			
	团队合作能力	2			
	严格执行 6S 现场管理	2			

任务二 智能组装工作站电气装配

学习任务		智能组装工作站电气装配			
姓名		班级		学号	
上课地点		学时		日期	

任务书

通过了解电气装配的相关知识，完成智能组装工作站电气装配的相关工作。

分组任务

将学生按 5~7 人进行分组，明确每位学生的工作任务，填写表 3-2-1。

表 3-2-1 学生任务分配表

班级		组号		指导老师	
组长		学号			
组员及任务分工	学号	姓名	任务		

工作准备

1. 制定工作方案

1）各组进行任务分析，初步制定工作方案。

2）各组对工作方案互提意见。

3）教师点评，确定出最佳工作方案，并填入表3-2-2中。

表3-2-2　工作方案

步骤	工作内容	负责人
1		
2		
3		
4		
5		

2. 列出工具、耗材和器具清单

根据工作方案，列出实训操作时所需的工具、耗材和器具清单，填入表3-2-3。

表3-2-3　工具、耗材和器具清单

序号	名称	型号与规格	单位	数量

引导问题

1. 智能组装工作站用了几个PLC，它们的作用分别是什么？

2. 智能组装工作站的步进电动机主要用于哪些模块？

3. 智能组装工作站中用的PLC与工业机器人是如何进行通信的？

计划实施

1. 配盘布局

1）根据任务要求准备工具清单，需要准备的工具有十字槽螺钉旋具、一字槽螺钉旋具、剥线钳、老虎钳、斜口钳、压线钳、尖嘴钳、验电笔等。

2）根据清单选择电气元件，并查看电气元件有无外观损伤，附件（螺钉、螺母等）是否齐全、完好等。

3）根据配盘布局图，将所用元器件安装在导轨上，各元器件的安装需充分考虑主电路、控制电路之间的关系和接线走向。主电路和控制电路的布局要相对独立，不要交错，以免布线混乱。同时合理安排元器件间的疏密程度，方便安装和维修。

2. 电气装配

根据主电路控制电气图、机器人控制电气图、伺服电动机电气图、步进电动机电气图、触摸屏电气图、PLC电气图进行各模块的电气装配。

3. 电路检查

（1）接线检查　检查接线是否正确，包括错线、少线和多线。

（2）电源检查　调试之前不上电，检查电源是否短路，用万用表测量一下电源的输入阻抗，如果电源短路，会造成电源烧坏或者更严重的后果。

评价反馈

在任务完成后需对学生的实施情况进行评价，包括自我评价、互相评价和教师评价三方面，填入表3-2-4。

表3-2-4　评价表

类别	评价内容	分值	评价分数		
			自评	互评	师评
理论	了解智能组装工作站中用到的电气元件	10			
	掌握智能组装工作站各部分的电气原理图	10			
技能	能够根据配盘布局图对电气元件进行安装布局	10			
	能根据网络连接图连接通信线	10			
	能根据主电路原理图安装主电路	10			
	能根据触摸屏原理图安装电路	10			
	能根据PLC电气原理图安装电路	10			
	能根据电动机电气原理图安装电路	10			
	能根据工业机器人电气原理图安装电路	10			
素养	遵守操作规程，具有严谨科学的工作态度	2			
	积极参与教学活动，按时完成任务	2			
	具有总结训练过程和结果的习惯，能为下次训练总结经验	2			
	团队合作能力	2			
	严格执行6S现场管理	2			

任务三　智能组装工作站系统调试

学习任务		智能组装工作站系统调试			
姓名		班级		学号	
上课地点		学时		日期	

任务书

进行智能组装工作站程序编写和调试，实现组装功能。

分组任务

将学生按 5~7 人进行分组，明确每位学生的工作任务，填写表 3-3-1。

表 3-3-1　学生任务分配表

班级		组号		指导老师	
组长		学号			
组员及任务分工	学号	姓名	任务		

工作准备

1. 制定工作方案

根据任务要求进行任务分析，制定出工作方案并填入表 3-3-2 中。

表 3-3-2　工作方案

步骤	工作内容	负责人
1		
2		
3		
4		

2. 列出工具、耗材和器具清单

根据工作方案，列出实训操作时所需的工具、耗材和器具清单，填入表 3-3-3。

表 3-3-3　工具、耗材和器具清单

序号	名称	型号与规格	单位	数量

引导问题

1. 智能组装工作站中机器人配置的是什么 I/O 板？有哪些 I/O 点？

2. 智能组装工作站中，机器人工作流程是什么样的？

3. PLC 程序分为哪几个模块？各有什么功能？

计划实施

1. ABB 机器人 I/O 配置

根据机器人 I/O 表配置 I/O 板和 I/O 信号。

2. PLC 组态

1）根据 PLC I/O 表组态远程 I/O。

2）组态 PLC 之间的 PROFINET 通信。

PLC1 到 PLC2 的映射地址如图 3-3-1 所示。PLC2 到 PLC1 的映射地址如图 3-3-2 所示。

图 3-3-1　PLC1 到 PLC2 的映射地址

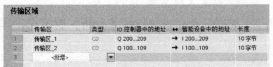

图 3-3-2　PLC2 到 PLC1 的映射地址

3）组态轴工艺对象。

3. 机器人程序编写与调试

根据图 3-3-3 流程，编写机器人程序，实现机器人的组装功能。

4. PLC 程序编写与调试

根据图 3-3-4 和图 3-3-5 流程，编写 PLC 程序，实现组装工作站的完整功能。

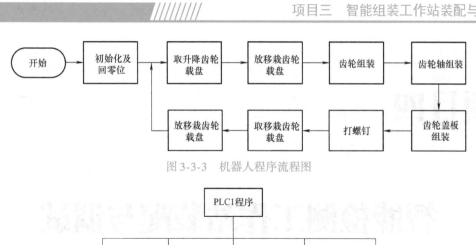

图 3-3-3 机器人程序流程图

图 3-3-4 PLC1 程序流程图

图 3-3-5 PLC2 程序流程图

评价反馈

在任务完成后需对学生的实施情况进行评价,包括自我评价、互相评价和教师评价三方面,填入表 3-3-4。

表 3-3-4 评价表

类别	评价内容	分值	评价分数		
			自评	互评	师评
理论	了解 PLC 之间的 PROFINET 通信	5			
	了解 ABB 机器人 I/O 的配置	5			
技能	能够正确配置 PLC 之间的 PROFINET 通信	10			
	能够按照要求配置 ABB 机器人的 I/O	10			
	能够编写机器人程序实现组装功能	30			
	能够编写 PLC 程序实现组装工作站的整体功能	30			
素养	遵守操作规程,具有严谨科学的工作态度	2			
	积极参与教学活动,按时完成任务	2			
	具有总结训练过程和结果的习惯,能为下次训练总结经验	2			
	团队合作能力	2			
	严格执行 6S 现场管理	2			

项目四

智能检测工作站装配与调试

任务一　智能检测工作站的组成

学习任务		智能检测工作站的组成			
姓名		班级		学号	
上课地点		学时		日期	

任务书

认识智能检测工作站的功能，识记工作站的基本结构及其各自的功能，对智能检测工作站的生产流程进行分析。

分组任务

将学生按 5～7 人进行分组，明确每位学生的工作任务，填写表 4-1-1。

表 4-1-1　学生任务分配表

班级		组号		指导老师	
组长		学号			
组员及任务分工	学号	姓名	任务		

工作准备

1. 制定工作方案

1) 各组进行任务分析, 初步制定工作方案。

2) 各组对工作方案互提意见。

3) 教师点评, 确定出最佳工作方案, 并填入表4-1-2中。

表 4-1-2 工作方案

步骤	工作内容	负责人
1		
2		
3		
4		
5		

2. 列出工具、耗材和器具清单

根据工作方案, 列出实训操作时所需的工具、耗材和器具清单, 填入表4-1-3。

表 4-1-3 工具、耗材和器具清单

序号	名称	型号与规格	单位	数量

引导问题

1. 简述智能检测工作站的主要功能。

2. 智能检测工作站中 ABB 机器人的工作内容是什么?

计划实施

1. 观察智能检测工作站的结构组成, 写出图 4-1-1 智能检测工作站中的主要组成单元名称。

1. _____   2. _____

3. _____   4. _____

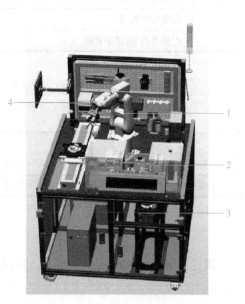

图 4-1-1 智能检测工作站组成单元

2. 简述检测单元中双作用气缸的功能。

3. 简述加工单元中激光雕刻加工的过程。

4. 分步骤写出智能检测工作站的生产流程。

评价反馈

在任务完成后需对学生的实施情况进行评价，包括自我评价、互相评价和教师评价三方面，填入表4-1-4。

表4-1-4 评价表

类别	评价内容	分值	评价分数		
			自评	互评	师评
理论	了解智能检测工作站的功能	15			
	了解智能检测工作站的组成部分及功能	20			
	了解智能检测工作站的生产流程	15			
技能	能够熟练介绍智能检测工作站的结构及其功能	20			
	能够熟练介绍智能检测工作站的生产流程	20			
素养	遵守操作规程，具有严谨科学的工作态度	2			
	积极参与教学活动，按时完成任务	2			
	具有总结训练过程和结果的习惯，能为下次训练总结经验	2			
	团队合作能力	2			
	严格执行6S现场管理	2			

任务二　智能检测工作站电气装配

学习任务		智能检测工作站电气装配			
姓名		班级		学号	
上课地点		学时		日期	

任务书

通过了解电气装配的相关知识，完成智能检测工作站电气装配的相关工作。

𝕚𝕚𝕚 分组任务

将学生按 5 ~ 7 人进行分组，明确每位学生的工作任务，填写表 4-2-1。

表 4-2-1　学生任务分配表

班级		组号		指导老师	
组长		学号			
组员及任务分工	学号	姓名		任务	

🖩 工作准备

1. 制定工作方案

1) 各组进行任务分析，初步制定工作方案。

2) 各组对工作方案互提意见。

3) 教师点评，确定出最佳工作方案，并填入表 4-2-2 中。

表 4-2-2　工作方案

步骤	工作内容	负责人
1		
2		
3		
4		
5		

2. 列出工具、耗材和器具清单

根据工作方案，列出实训操作时所需的工具、耗材和器具清单，填入表 4-2-3。

表 4-2-3　工具、耗材和器具清单

序号	名称	型号与规格	单位	数量

🛠 引导问题

1. 智能检测工作站用了几个电动机？分别用在哪些地方？

2. PLC 是如何控制激光雕刻机的？

3. 智能检测工作站中远程 I/O 模块，包含 PROFINET 适配器 FR8210 和几个 FR1108 数字量输入模块、几个 FR2108 数字量输出模块？

计划实施

1. 配盘布局

1）根据任务要求准备工具清单，需要准备的工具有十字槽螺钉旋具、一字槽螺钉旋具、剥线钳、老虎钳、斜口钳、压线钳、尖嘴钳、验电笔等。

2）根据清单选择电气元件，查看电气元件有无外观损伤，附件（螺钉、螺母等）是否齐全、完好等。

3）根据配盘布局图，将所用电气元件安装在导轨上，各电气元件的安装需充分考虑主电路、控制电路之间的关系和接线走向。主电路和控制电路的布局要相对独立，不要交错，以免布线混乱。同时合理安排电气元件间的疏密程度，方便安装和维修。

2. 电气装配

根据主电路控制电气图、机器人控制电气图、伺服电动机电气图、步进电动机电气图、触摸屏电气图、激光雕刻机电气图和 PLC 电气图进行各模块的电气装配。

3. 电路检查

（1）接线检查 检查接线是否正确，包括错线、少线和多线。

（2）电源检查 调试之前不上电，检查电源是否短路，用万用表测量一下电源的输入阻抗，如果电源短路，会造成电源烧坏或者更严重的后果。

评价反馈

在任务完成后需对学生的实施情况进行评价，包括自我评价、互相评价和教师评价三方面，填入表 4-2-4。

表 4-2-4　评价表

类别	评价内容	分值	评价分数		
			自评	互评	师评
理论	了解智能检测工作站中用到的电气元件	10			
	掌握智能检测工作站各部分的电气原理图	10			
技能	能够根据配盘布局图对电气元件进行安装布局	10			
	能根据网络连接图连接通信线	5			
	能根据主电路电气原理图安装主电路	10			
	能根据触摸屏电气原理图安装电路	5			
	能根据激光雕刻机电气原理图安装电路	10			
	能根据 PLC 电气原理图安装电路	10			
	能根据电动机电气原理图安装电路	10			
	能根据工业机器人电气原理图安装电路	10			
素养	遵守操作规程，具有严谨科学的工作态度	2			
	积极参与教学活动，按时完成任务	2			

（续）

类别	评价内容	分值	评价分数		
			自评	互评	师评
素养	具有总结训练过程和结果的习惯，能为下次训练总结经验	2			
	团队合作能力	2			
	严格执行6S现场管理	2			

任务三　智能检测工作站系统调试

学习任务			智能检测工作站系统调试		
姓名		班级		学号	
上课地点		学时		日期	

任务书

进行激光雕刻机的调试、机器人程序的编写和调试、PLC程序的编写和调试，实现智能检测工作站的功能。

分组任务

将学生按5~7人进行分组，明确每位学生的工作任务，填写表4-3-1。

表4-3-1　学生任务分配表

班级		组号		指导老师	
组长		学号			
组员及任务分工	学号	姓名	任务		

工作准备

1. 制定工作方案
1）各组进行任务分析，初步制定工作方案。
2）各组对工作方案互提意见。
3）教师点评，确定出最佳工作方案，并填入表4-3-2中。

表4-3-2　工作方案

步骤	工作内容	负责人
1		
2		

29

（续）

步骤	工作内容	负责人
3		
4		
5		

2. 列出工具、耗材和器具清单

根据工作方案，列出实训操作时所需的工具、耗材和器具清单，填入表4-3-3。

表4-3-3 工具、耗材和器具清单

序号	名称	型号与规格	单位	数量

引导问题

1. 机器人程序的功能有哪些？

2. 如何启动激光雕刻机？

3. 简述PLC程序各模块的功能。

计划实施

1. 机器人程序编写

1）根据机器人的I/O表，配置机器人的I/O。

2）根据图4-3-1编写并调试机器人程序。

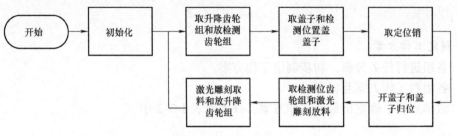

图4-3-1 机器人程序

2. 激光雕刻机调试

1）调整激光雕刻机焦距。

2）编辑打标文字，并测试和调整打标效果。

3）设置外部信号，控制打标启动。

3. PLC 程序编写

1）根据需要进行 PLC 的组态，如远程 I/O 模块、轴工艺对象等。

2）根据图 4-3-2 编写 PLC 程序并进行调试。

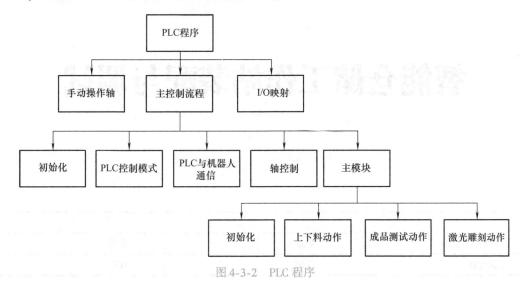

图 4-3-2 PLC 程序

评价反馈

在任务完成后需对学生的实施情况进行评价，包括自我评价、互相评价和教师评价三方面，填入表 4-3-4 。

表 4-3-4 评价表

类别	评价内容	分值	评价分数		
			自评	互评	师评
理论	理解智能检测工作站机器人程序的结构和功能	5			
	了解激光雕刻机基本调试和使用方法	5			
	理解智能检测工作站 PLC 程序的结构和功能	5			
技能	能够调试激光雕刻机，并进行文字雕刻	10			
	能够编写智能检测工作站机器人程序	30			
	能够编写智能检测工作站 PLC 程序，联合调试实现检测工作站的功能	35			
素养	遵守操作规程，具有严谨科学的工作态度	2			
	积极参与教学活动，按时完成任务	2			
	具有总结训练过程和结果的习惯，能为下次训练总结经验	2			
	团队合作能力	2			
	严格执行 6S 现场管理	2			

项目五

智能仓储工作站装配与调试

任务一　智能仓储工作站的组成

学习任务		智能仓储工作站的组成			
姓名		班级		学号	
上课地点		学时		日期	

任务书

认识智能仓储工作站的功能，识记工作站的基本结构及其模块的功能，对智能仓储工作站的生产流程进行分析。

分组任务

将学生按 5~7 人进行分组，明确每位学生的工作任务，填写表 5-1-1。

表 5-1-1　学生任务分配表

班级		组号		指导老师	
组长		学号			
组员及任务分工	学号	姓名	任务		

工作准备

1. 制定工作方案

1）各组进行任务分析，初步制定工作方案。

2）各组对工作方案互提意见。

3）教师点评，确定出最佳工作方案，并填入表 5-1-2 中。

表 5-1-2　工作方案

步骤	工作内容	负责人
1		
2		
3		
4		
5		

2. 列出工具、耗材和器具清单

根据工作方案，列出实训操作时所需的工具、耗材和器具清单，填入表 5-1-3。

表 5-1-3　工具、耗材和器具清单

序号	名称	型号与规格	单位	数量

引导问题

1. 简述智能仓储工作站的主要功能是什么？

2. 立体仓库中的指示灯和漫反射式传感器有什么作用？

计划实施

1. 观察智能仓储工作站的结构组成，写出图 5-1-1 智能仓储工作站的组成模块。

1. _____ 2. _____

3. _____ 4. _____

图 5-1-1　智能仓储工作站组成模块

2. 观察产品入仓的过程，简述下移动模块是如何完成这一过程的。

3. 分步骤写出智能仓储工作站的生产流程。

评价反馈

在任务完成后需对学生的实施情况进行评价，包括自我评价、互相评价和教师评价三方面，填入表 5-1-4 。

表 5-1-4　评价表

类别	评价内容	分值	评价分数		
			自评	互评	师评
理论	了解智能仓储工作站的功能	15			
	了解智能仓储工作站的组成部分及功能	20			
	了解智能仓储工作站的生产流程	15			
技能	能够熟练介绍智能仓储工作站的结构及其功能	20			
	能够熟练介绍智能仓储工作站的生产流程	20			
素养	遵守操作规程，具有严谨科学的工作态度	2			
	积极参与教学活动，按时完成任务	2			
	具有总结训练过程和结果的习惯，能为下次训练总结经验	2			
	团队合作能力	2			
	严格执行 6S 现场管理	2			

任务二　智能仓储工作站电气装配

学习任务		智能仓储工作站电气装配			
姓名		班级		学号	
上课地点		学时		日期	

任务书

通过了解电气装配的相关知识，完成智能仓储工作站电气装配的相关工作。

分组任务

将学生按 5 ~ 7 人进行分组，明确每位学生的工作任务，填写表 5-2-1 。

表 5-2-1　学生任务分配表

班级		组号		指导老师	
组长		学号			
组员及任务分工	学号	姓名	任务		

工作准备

1. 制定工作方案

1）各组进行任务分析，初步制定工作方案。

2）各组对工作方案互提意见。

3）教师点评，确定出最佳工作方案，并填写表 5-2-2。

表 5-2-2　工作方案

步骤	工作内容	负责人
1		
2		
3		
4		
5		

2. 列出工具、耗材和器具清单

根据工作方案，列出实训操作时所需的工具、耗材和器具清单，填写表 5-2-3。

表 5-2-3　工具、耗材和器具清单

序号	名称	型号与规格	单位	数量

引导问题

1. 智能仓储工作站用了几个电动机？分别用在哪些地方？

2. 智能仓储工作站的 PLC2 共有几个 I/O 点，分别是哪些？

3. 智能仓储工作站中哪几个电动机需要刹车控制，是通过什么进行控制的？

计划实施

1. 配盘布局

（1）根据任务要求准备工具清单，需要准备的工具有十字槽螺钉旋具、一字槽螺钉旋具、剥线钳、老虎钳、斜口钳、压线钳、尖嘴钳、验电笔等。

（2）根据清单，选择电气元件，检查电气元件有无外观损伤，附件（螺钉、螺母等）是否齐全、完好等。

（3）根据配盘布局图，将所用电气元件安装在导轨上，各电气元件的安装需充分考虑主电路、控制电路之间的关系和接线走向。主电路和控制电路的布局要相对独立，不要交错，以免布线混乱。同时合理安排电气元件间的疏密程度，方便安装和维修。

2. 电气装配

根据主电路控制电气图、步进电动机电气图、触摸屏电气图和 PLC 电气图进行各模块的电气接线，整理并捆绑好导线。

3. 电路检查

（1）接线检查　检查接线是否正确，包括错线、少线和多线。

（2）电源检查　调试之前不上电，检查电源是否短路，用万用表测量一下电源的输入阻抗，如果电源短路，会造成电源烧坏或者更严重的后果。

评价反馈

在任务完成后需对学生的实施情况进行评价，包括自我评价、互相评价和教师评价三方面，填写表5-2-4。

表 5-2-4　评价表

类别	评价内容	分值	评价分数		
			自评	互评	师评
理论	了解智能仓储工作站中用到的电气元件	10			
	掌握智能仓储工作站各部分的电气原理图	10			
技能	能够根据配盘布局图对电气元件进行安装布局	10			
	能根据网络连接图连接通信线	10			
	能根据主电路电气原理图安装主电路	10			
	能根据触摸屏电气原理图安装电路	10			
	能根据 PLC 电气原理图安装电路	15			
	能根据电动机电气原理图安装电路	15			

（续）

类别	评价内容	分值	评价分数		
			自评	互评	师评
素养	遵守操作规程，具有严谨科学的工作态度	2			
	积极参与教学活动，按时完成任务	2			
	具有总结训练过程和结果的习惯，能为下次训练总结经验	2			
	团队合作能力	2			
	严格执行 6S 现场管理	2			

任务三　智能仓储工作站系统调试

学习任务		智能仓储工作站系统调试			
姓名		班级		学号	
上课地点		学时		日期	

📋 任务书

编写智能仓储工作站的 PLC 程序和触摸屏程序，实现智能仓储工作站的功能。

👥 分组任务

将学生按 5~7 人进行分组，明确每位学生的工作任务，填写表 5-3-1。

表 5-3-1　学生任务分配表

班级		组号		指导老师	
组长		学号			
组员及任务分工	学号	姓名	任务		

📑 工作准备

1. 制定工作方案

1）各组进行任务分析，初步制定工作方案。

2) 各组对工作方案互提意见。

3) 教师点评，确定出最佳工作方案，并填入表5-3-2中。

表5-3-2 工作方案

步骤	工作内容	负责人
1		
2		
3		
4		
5		

2. 列出工具、耗材和器具清单

根据工作方案，列出实训操作时所需的工具、耗材和器具清单，填入表5-3-3。

表5-3-3 工具、耗材和器具清单

序号	名称	型号与规格	单位	数量

引导问题

1. 在组态信号板时，如何修改地址？

2. 两个PLC之间的I/O映射关系是什么？

3. 触摸屏程序有哪几个界面？

计划实施

1. PLC程序编写

1) 根据需要组态PLC，如远程I/O、信号板模块、PROFINET通信、轴工艺对象等。

2) 编写PLC程序，如图5-3-1和图5-3-2所示，实现仓储工作站的完整功能。

2. 触摸屏程序编写与调试

编写触摸屏程序，实现对仓储工作站的监控和操作。

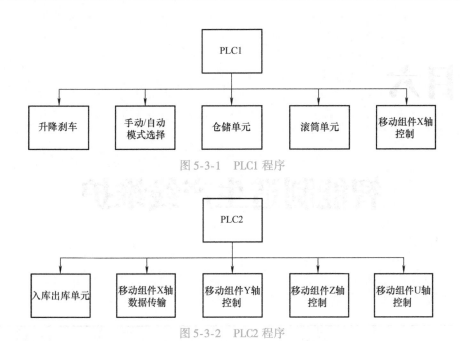

图 5-3-1 PLC1 程序

图 5-3-2 PLC2 程序

评价反馈

在任务完成后需对学生的实施情况进行评价，包括自我评价、互相评价和教师评价三方面，填入表 5-3-4。

表 5-3-4 评价表

类别	评价内容	分值	评价分数		
			自评	互评	师评
理论	了解西门子 PLC 信号模块的组态方法	5			
	了解仓储工作站程序的基本功能	5			
	了解仓储工作站触摸屏程序功能	5			
技能	能够组态 PLC 信号模块	5			
	能够编写 PLC 程序实现仓储功能	40			
	能够编写触摸屏程序实现对仓储工作站的监控和操作	30			
素养	遵守操作规程，具有严谨科学的工作态度	2			
	积极参与教学活动，按时完成任务	2			
	具有总结训练过程和结果的习惯，能为下次训练总结经验	2			
	团队合作能力	2			
	严格执行 6S 现场管理	2			

项目六

智能制造生产线维护

任务一　机器人系统维护

学习任务		机器人系统维护			
姓名		班级		学号	
上课地点		学时		日期	

任务书

制定工业机器人的维护点检计划，了解机器人的维护内容，对工业机器人实施维护点检计划。

分组任务

将学生按 5~7 人进行分组，明确每位学生的工作任务，填写表 6-1-1。

表 6-1-1　学生任务分配表

班级			组号		指导老师	
组长			学号			
组员及任务分工		学号	姓名	任务		

工作准备

1. 制定工作方案

1) 各组进行任务分析，初步制定工作方案。

2) 各组对工作方案互提意见。

3) 教师点评，确定出最佳工作方案，并填入表 6-1-2 中。

表 6-1-2　工作方案

步骤	工作内容	负责人
1		
2		
3		
4		
5		

2. 列出工具、耗材和器具清单

根据工作方案，列出实训操作时所需的工具、耗材和器具清单，填入表 6-1-3。

表 6-1-3　工具、耗材和器具清单

序号	名称	型号与规格	单位	数量

引导问题

1. 简述对机器人本体进行维护的意义。

2. 对工业机器人制定的维护计划包含哪几种计划表？

3. 对机器人本体进行维护时需要用到哪些工具？

计划实施

1. 对机器人本体进行日常点检的维护实施项目有哪些？

2. 请按照工业机器人 IRB120 的日常点检表对机器人本体进行清洁和检查。

3. 对工业机器人控制柜进行日常点检的维护实施项目有哪些？

4. 请按照工业机器人标准型控制柜 IRC5 的日常点检表对控制柜进行清洁和检查。

评价反馈

在任务完成后需对学生的实施情况进行评价，包括自我评价、互相评价和教师评价三方面，填入表6-1-4。

表6-1-4 评价表

类别	评价内容	分值	评价分数		
			自评	互评	师评
理论	了解机器人本体维护的内容	20			
	了解机器人控制柜维护的内容	20			
	了解机器人维护时常用的工具	10			
技能	掌握工业机器人本体的维护保养操作流程	20			
	掌握工业机器人控制柜的维护保养操作流程	20			
素养	遵守操作规程，具有严谨科学的工作态度	2			
	积极参与教学活动，按时完成任务	2			
	具有总结训练过程和结果的习惯，能为下次训练总结经验	2			
	团队合作能力	2			
	严格执行6S现场管理	2			

任务二　生产线故障诊断与排除

学习任务		生产线故障诊断与排除			
姓名		班级		学号	
上课地点		学时		日期	

任务书

根据机器人及工作站中涉及其他电气设备的故障现象查找故障并排除。

分组任务

将学生按5~7人进行分组，明确每位学生的工作任务，填写表6-2-1。

表6-2-1 学生任务分配表

班级		组号		指导老师	
组长		学号			
组员及任务分工	学号	姓名		任务	

工作准备

1. 制定工作方案

1）各组进行任务分析，初步制定工作方案。

2）各组对工作方案互提意见。

3）教师点评，确定出最佳工作方案，并填入表6-2-2中。

表 6-2-2　工作方案

步骤	工作内容	负责人
1		
2		
3		
4		
5		

2. 列出工具、耗材和器具清单

根据工作方案，列出实训操作时所需的工具、耗材和器具清单，填入表6-2-3。

表 6-2-3　工具、耗材和器具清单

序号	名称	型号与规格	单位	数量

引导问题

1. 简述工业机器人常见的报警故障。

2. 工业机器人事件日志中都有哪些报警类型？

计划实施

1. ABB 机器人故障信息的代码编号具有一定的规则，根据不同信息的类型和重要程度分为几类，不同类别的详细说明见表 6-2-4，操作人员在了解了故障代码编号的分类之后，可以快速查阅《工业机器人故障排除手册》中对应代码的故障解除方法。

表 6-2-4　ABB 机器人故障代码编号规则

事件类型	类型代号	类型描述
操作	1×××××	与系统处理有关的事件
系统	2×××××	与系统功能、系统状态等有关的事件

(续)

事件类型	类型代号	类型描述
硬件	3××××	与系统硬件、机械臂以及控制器硬件有关的事件
程序	4××××	与 RAPID 指令、数据等有关的事件
I/O 与通信	7××××	与输入和输出、数据总线等有关的事件
用户	8××××	用户定义的事件
安全	9××××	与功能安全相关的事件
配置	12××××	与系统配置有关的事件
喷涂	13××××	与喷涂应用相关的信息

根据报警信息的事件日志，查阅机器人故障排除手册，针对机器人出现的故障找出原因，进行排除。

2. 当触摸屏不能控制外围设备实现特定的动作时，存在哪些故障原因，针对这些故障要如何进行排除？

3. 当光电传感器无输出信号时，存在哪些故障原因，针对这些故障要如何进行排除？

评价反馈

在任务完成后需对学生的实施情况进行评价，包括自我评价、互相评价和教师评价三方面，填入表6-2-5。

表 6-2-5　评价表

类别	评价内容	分值	评价分数		
			自评	互评	师评
理论	了解机器人常见故障	10			
	了解触摸屏常见故障	10			
	了解工作站传感器常见故障诊断与排除	10			
技能	掌握查找机器人设备故障后排除的方法	20			
	掌握查找触摸屏设备故障后排除的方法	20			
	掌握几种传感器设备故障后排除的方法	20			
素养	遵守操作规程，具有严谨科学的工作态度	2			
	积极参与教学活动，按时完成任务	2			
	具有总结训练过程和结果的习惯，能为下次训练总结经验	2			
	团队合作能力	2			
	严格执行6S现场管理	2			